UN MOT

SUR

L'HELIX CINCTA

PAR

A.-R. DE LIESVILLE

VICE-PRÉSIDENT DE LA SOCIÉTÉ D'APICULTURE

CAEN

IMPRIMERIE DE F. LE BLANC-HARDEL

RUE FROIDE, 2

HELIX CINCTA

L'*Helix cincta*, qui a été indiquée par M. Michaud et l'abbé Dupuy, comme se rencontrant aux environs de Tonnerre, existe-t-elle réellement ? L'a-t-on signalée sur d'autres points de la France ?

H. CEINTE, H. CINCTA.

H. Testâ globosâ, solidâ, ventricosâ, albidâ, imperforatâ ; longitudinaliter striatâ, striis irregularibus obliquis ; fasciis 3-5 fuscis cinctâ, inferioribus angustis ; anfractibus senis ; aperturâ rotundatâ rufâ; peristomate intûs submarginato et subreflexo; apice glabro obtuso.

Hauteur, depuis l'ombilic jusqu'au sommet,		12 lignes.
— dans sa plus grande dimension,		16 lignes.
Diamètre,	— —	15 lignes.

Muller (*ex fide* de Fér.).
Gualtieri, t. II, fig. B.
Helix (*helicogena*) *cincta*, de Fér. L. C. Pl. XX, fig. 8, et pl. XXIV, fig. 1.

Animal : grisâtre; tentacules plus pâles; le dessus du corps, la tête et les tentacules granuleux; pied large, marqué de petites lignes, cendré en-dessous.

Coquille globuleuse, ventrue, solide, blanchâtre, imperforée; stries longitudinales, irrégulières et obliques; 3-5 zones fauves, les inférieures étroites; six tours de spire; ouverture arrondie, d'un rouge-noirâtre; péristome simple, légèrement bordé intérieurement, et un peu réfléchi; sommet lisse et obtus.

L'épiphragme de ce mollusque est en tout semblable à celui de l'*H. pomatia*. Drap.

Cette espèce est voisine de l'*H. melanostoma*. Drap. L. c., p. 91, n° 19, pl. V, fig. 24. La couleur de son ouverture est moins foncée ; elle établit très-bien le passage de celle-ci à l'*H. pomatia*.

Elle est très-distincte des deux. Edule.

Hab. Tonnerre (Yonne): les vignes, les champs (1).

Étranger au département, je ne devrais pas avoir la parole sur cette question qui regarde surtout les Naturalistes du pays.

Permettez-moi cependant de faire quelques observations :

Ma première démarche fut d'aller consulter M. Deshayes : il me dit qu'il croyait que l'*Helix cincta* n'habitait pas le département de l'Yonne.

(1) *Complément de l'Histoire naturelle des mollusques terrestres et fluviatiles* de J.-P.-R. Draparnaud, par André-Louis-Gaspard Michaud, p. 17, n° 22, pl. XIV, fig. 2.

Je cherchai dans Moquin-Tandon et je lus :

Helix cincta Müll. = indiquée à Tonnerre (Yonne) par Michaud; elle ne s'y trouve pas (Cotteau).

Dans l'ouvrage de M. Cotteau, intitulé : *Notes sur quelques espèces de mollusques terrestres et fluviatiles*, on trouve, page 8, ce qui suit :

« Je ne quitterai point le genre Hélice sans appeler l'attention sur l'Hélice ceinte (*H. cincta*, Müller), que quelques naturalistes considèrent à tort, suivant nous, comme faisant partie de la faune française. »

M. Michaud, le premier, en 1831, mentionna cette espèce et assura l'avoir rencontrée dans les champs et les vignes des environs de Tonnerre (1).

Plus tard, l'abbé Dupuy la décrivit et la figura dans son ouvrage sur les mollusques de France, et pour unique localité, sur la foi de Michaud, il indiqua Tonnerre (2).

(1) Michaud. *Complément de l'histoire naturelle des mollusques de France*, page 18.

(2) Dupuy. *Histoire naturelle des mollusques de France.*

Je l'ai cherchée avec beaucoup de soin et à plusieurs reprises, aux environs de cette ville, sans jamais la rencontrer.

Dès à présent, je suis convaincu que M. Michaud s'est trompé, et que c'est par suite d'une erreur qu'il signale près de Tonnerre la présence d'une espèce essentiellement propre aux régions les plus méridionales de l'Europe.

MM. Ray et Drouet, dès 1851, dans le *Catalogue des mollusques de la Champagne*, avaient résolu la question dans ce sens (1).

A l'appui de l'opinion de ces deux zélés naturalistes, j'ajouterai un fait qui n'est pas sans valeur : « Il y a quelques années, ayant reçu de Syrie des individus vivants de l'*H. cincta*, j'ai tenté de les acclimater dans notre département; je les ai placés aux environs d'Auxerre, dans une localité qui me paraissait leur convenir; mais ils n'y ont point rencontré des conditions d'existence favorables, car au bout de quelques mois

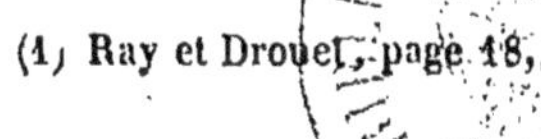

(1) Ray et Drouet, page 18.

je retrouvai, dans le même endroit, leurs coquilles mortes (1). »

Je consultai l'ouvrage de M. Drouet, intitulé : *Énumération des mollusques terrestres et fluviatiles vivants de la France continentale.* A la page 52, je trouvai : « *Helix cincta*, habite l'Italie; je ne puis considérer cette espèce comme française, malgré l'indication fournie par Michaud, indication qui ne s'est pas confirmée. La planche du Complément représente un individu provenant de Rome. »

Dupuy, qui n'a fait que suivre Michaud, figure une variété milanaise.

L'abbé Dupuy copie Michaud, car il dit :

« L'*Helix cincta* habite les champs et les vignes aux environs de Tonnerre; » puis un renvoi, ainsi conçu : Voir Michaud.

M. Albin Gras, dans sa *Description des mollusques fluviatiles et terrestres de la*

(1) *Note sur quelques espèces de mollusques terrestres et fluviatiles*, par M. G. Cotteau, pages 8 et 9.

Francc (1), l'indique comme appartenant au département de l'Yonne, sans faire la moindre observation. Mais l'ouvrage de M. Gras est de 1846, tandis que le Complément de Draparnaud est de 1831 ; il me paraît évident que M. Gras s'en rapportait à l'ouvrage de Michaud.

Il me semblait que la question était vidée et que l'*Helix cincta* n'habitait pas le département de l'Yonne. Je crus donc que l'auteur du Complément de Draparnaud n'avait décrit cette espèce que d'après une fausse indication; car, dans son ouvrage, il ne dit pas l'avoir trouvée, il se contente de ces mots :

« Habite Tonnerre (Yonne) : les vignes, les champs. »

Je voulus savoir qui lui avait donné les échantillons qu'il possédait. Pour cela, je lui écrivis; voici sa réponse :

« Monsieur,

« Je m'empresse de vous donner les

(1) *Description des mollusques fluviatiles et terrestres*, page 6 de l'Appendice, n° 10.

renseignements que vous me demandez sur l'*Helix cincta :*

« *Je l'ai prise moi-même* à Tonnerre (Yonne), pendant que j'étais en visite chez un de mes amis; elle a été rencontrée dans les environs de cette ville.

« Vous me demandez aussi où se trouve cette espèce :

« Je n'ai point connaissance qu'elle ait été rencontrée dans toute autre localité de la France. Cependant elle devrait vivre dans le Var, qui est le département le plus rapproché de l'Italie où cette coquille se rencontre presque partout. »

Après la lecture de cette lettre, il fut évident pour moi que l'*Helix cincta* habite l'Yonne, car M. Michaud l'a trouvée *lui-même*, et personne ne peut mettre en doute sa bonne foi.

Elle a été rencontrée par moi dans le département du Var (l'animal n'habitait pas sa coquille). Le musée de Caen possède aussi quelques échantillons de cette *Helix*.

Voici la copie de l'étiquette :

Helix cincta (Fér).

Hab. France méridionale, chute du Rhin (E.-D.).

Caen, typ. F. Le Blanc-Hardel.

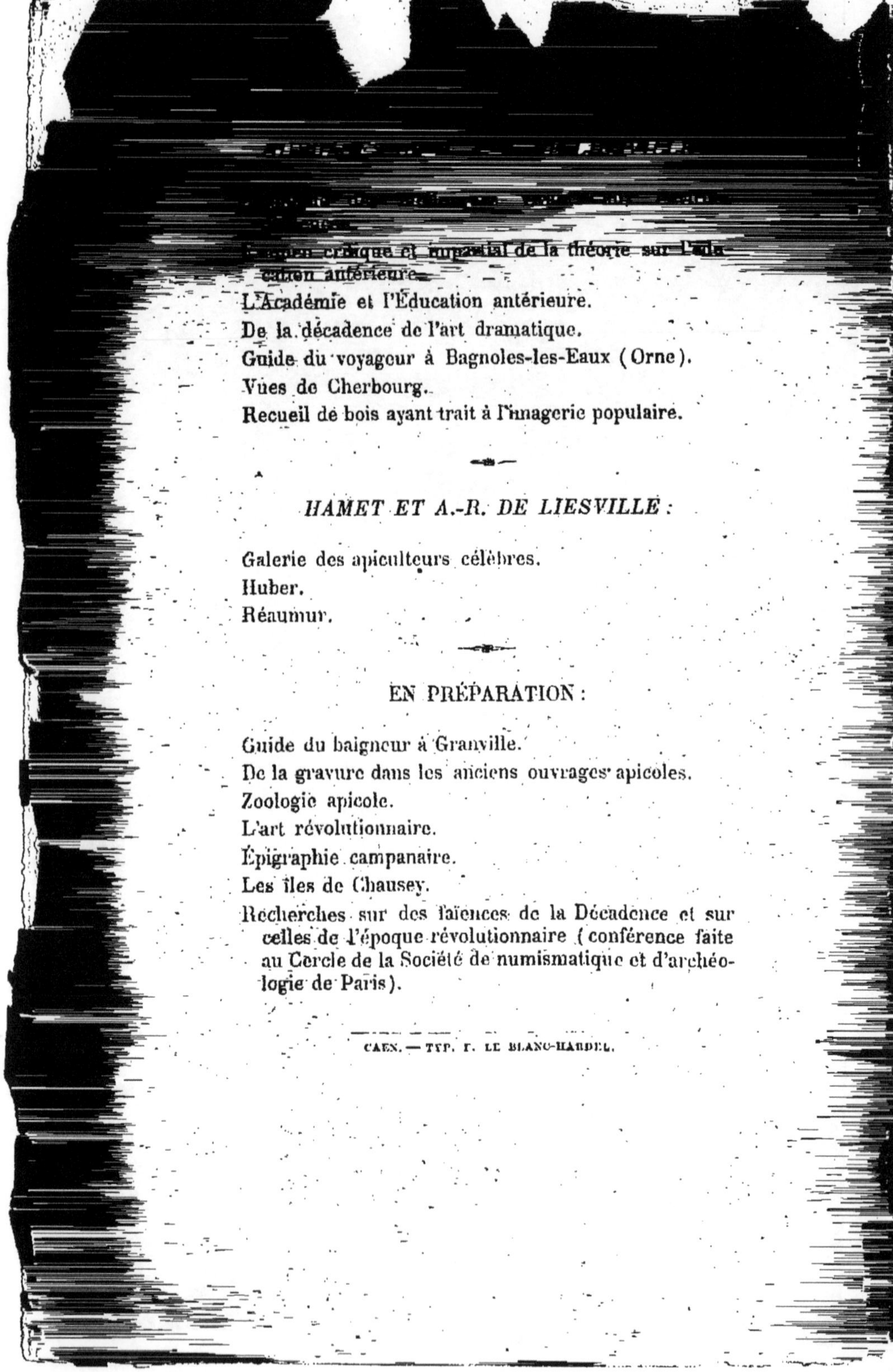

[illegible]

Examen critique et impartial de la théorie sur l'éducation antérieure.

L'Académie et l'Éducation antérieure.

De la décadence de l'art dramatique.

Guide du voyageur à Bagnoles-les-Eaux (Orne).

Vues de Cherbourg.

Recueil de bois ayant trait à l'imagerie populaire.

HAMET ET A.-R. DE LIESVILLE :

Galerie des apiculteurs célèbres.

Huber.

Réaumur.

EN PRÉPARATION :

Guide du baigneur à Granville.

De la gravure dans les anciens ouvrages apicoles.

Zoologie apicole.

L'art révolutionnaire.

Épigraphie campanaire.

Les îles de Chausey.

Recherches sur des faïences de la Décadence et sur celles de l'époque révolutionnaire (conférence faite au Cercle de la Société de numismatique et d'archéologie de Paris).

CAEN. — TYP. F. LE BLANC-HARDEL.

www.ingramcontent.com/pod-product-compliance
Ingram Content Group UK Ltd.
Pitfield, Milton Keynes, MK11 3LW, UK
UKHW020413250726
13967UKWH00006B/2619

9 782011 923318